RECHERCHES

SUR LES

PROPRIÉTÉS PHYSIQUES ET PHYSIOLOGIQUES

DU

PROTOXYDE D'AZOTE

LIQUÉFIÉ

RECHERCHES

PROPRIÉTÉS PHYSIQUES ET PHYSIOLOGIQUES

DU

PROTOXYDE D'AZOTE

LIQUÉFIÉ

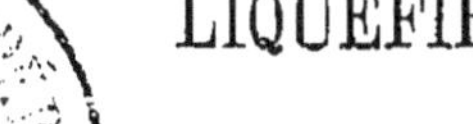

PAR M. A. PRÉTERRE,

CH. DENTISTE AMÉRICAIN,

Rédacteur en chef de l'*Art dentaire*.

LAURÉAT DE LA FACULTÉ DE MÉDECINE DE PARIS,

GRANDE MÉDAILLE A L'EXPOSITION DE LONDRES 1862,

MÉDAILLE D'OR UNIQUE A L'EXPOSITION UNIVERSELLE DE 1867,

FOURNISSEUR DES HOPITAUX,

etc., etc.

Mémoire faisant suite aux recherches du même auteur
sur les propriétés anesthésiques du protoxyde d'azote gazeux.

PARIS,

AU BUREAU DE *L'ART DENTAIRE*,

29, BOULEVARD DES ITALIENS, 29.

1869

Paris. — Imprimerie de Cosse et J. Dumaine, rue Christine, 2.

RECHERCHES

SUR LES

PROPRIÉTÉS PHYSIQUES ET PHYSIOLOGIQUES

DU

PROTOXYDE D'AZOTE LIQUÉFIÉ

I

AU LECTEUR.

On ne crée jamais quelque chose d'utile, a écrit quelque part le publiciste Capefigue, sans ameuter autour de soi les intelligences médiocres, les esprits passionnés et les ambitions déçues.

Depuis plus de vingt-cinq années que nous nous sommes dévoué au progrès et à la vulgarisation des connaissances relatives à la chirurgie dentaire, nous avons pu constater la justesse de la pensée qui précède, et, chose qui paraîtra peut-être étrange à ceux qui ne connaissent pas les hommes, l'opposition que nous avons rencontrée sous nos pas nous est venue de ceux-là mêmes qui avaient le plus profité de nos travaux et de nos recherches.

Le protoxyde d'azote a subi le sort commun. Introduit par nous, il y a plusieurs années, en Europe, où il était absolument ignoré comme anesthésique, il a bientôt été reconnu égal au chloroforme ou à l'éther, pour produire l'insensibilité pendant les grandes opérations chirurgicales et bien supérieur à ces deux agents, pour les opérations de courte durée, l'avulsion des dents notamment.

Ce qu'il nous a fallu de temps, de dépenses et d'ennuis pour arriver à établir cette vérité, ceux-là seuls qui ont suivi nos recherches peuvent s'en faire une idée. Non content de répéter publiquement nos expériences dans tous les hôpitaux, devant les noms les plus illustres de la chirurgie contemporaine (1), nous nous sommes mis encore à la disposition des nombreux médecins qui nous en ont fait la demande.

Nos patients efforts ont été couronnés d'un entier succès. La presse s'est longtemps occupée de nos expériences, et bientôt nous avons vu d'innombrables malades venir réclamer les bénéfices d'un procédé anesthésique qui offre au patient le double avantage de supprimer la douleur et d'être absolument inoffensif.

Ce succès a fait naître bien des convoitises, et bientôt nous avons vu accourir derrière nous la tourbe épaisse de ces imitateurs qui essaient de profiter des recherches des autres tout en s'efforçant de les déprécier.

Les uns sont venus nous demander des conseils, examiner nos appareils, puis se sont empressés de profiter de nos renseignements, tout en disant du mal de nos recherches. Un dentiste peu connu a trouvé moyen d'écrire, dans un dictionnaire de médecine fort connu, plusieurs pages sur les propriétés anesthésiques du protoxyde d'azote sans nous nommer, évitant même de citer notre Mémoire dans l'index

---

(1) Voir, dans la 5ᵉ édition de notre brochure sur le *Protoxyde d'azote gazeux*, la liste des médecins devant lesquels nous avons opéré et des hôpitaux où ont été pratiquées nos opérations (page 31).

bibliographique qui termine son article, alors que tous les journaux (1) et les annuaires scientifiques les plus répandus, notamment ceux de MM. Figuier et Henri Berthoud, avaient déjà fait connaître les expériences pratiquées par nous dans les hôpitaux de Paris, et le contenu de notre Mémoire.

D'autres se sont engagés dans une voie en apparence meilleure en essayant de perfectionner ce que nous avions fait ; malheureusement ils ont oublié que le progrès ne s'accomplit qu'au prix d'investigations patientes et d'études laborieuses, et faute d'investigations et d'études, faute aussi de connaissances scientifiques élémentaires, ils sont arrivés à proposer des perfectionnements tels que le suivant, ainsi relaté par M. Moigno dans le plus répandu de nos journaux scientifiques :

« M. X. propose un nouveau mode d'emploi du protoxyde « d'azote comme agent anesthésique. On le ferait prendre à « l'état liquide, et en se dégageant en gaz à l'intérieur de « l'estomac, il produirait l'insensibilité voulue. »

Quelle ignorance ! Evidemment M. X. (2), en faisant une semblable proposition, n'avait pas la moindre idée des propriétés du protoxyde d'azote liquide qu'il n'a bien certainement jamais vu ; il ignorait que ce corps possède, une température de 90° au-dessous de 0 et désorganise les tissus comme le ferait un fer rouge, et qu'introduit dans l'estomac sous cette forme, il produirait des accidents beaucoup plus

---

(1) Voir dans la 5e édition de notre brochure sur le Protoxyde d'azote gazeux quelques-uns des articles publiés sur notre nouvelle méthode d'anesthésie par les principaux organes de la presse scientifique et médicale.

(2) M. X est un dentiste qui, en fait de travaux scientifiques, n'a guère produit que cette malencontreuse proposition.

graves que ceux que déterminerait l'ingestion d'huile bouillante. Il ignorait aussi ce fait, bien élémentaire pourtant,
que ce n'est pas absorbés par les voies digestives, mais bien
par les voies respiratoires, que les anesthésiques produisent
leur action.

Dans notre Mémoire sur le protoxyde d'azote, nous avons
omis de traiter des propriétés de ce gaz lorsqu'on le liquéfie
sous l'influence du froid ou de la pression. Les traités de
physique les plus complets ne consacrent que quelques
lignes à la liquéfaction du protoxyde d'azote, et les propriétés de ce gaz à l'état liquide sont généralement peu con-
nues.

Les journaux de médecine s'étant récemment occupés
des propriétés du protoxyde d'azote liquéfié, et l'Académie
elle-même en ayant été entretenue, nous avons pensé qu'il
y aurait intérêt à compléter notre premier travail en étu-
diant le protoxyde d'azote à l'état liquide après l'avoir
étudié à l'état gazeux : tel est le but de ce Mémoire.

II

De la liquéfaction des gaz en général et de celle du protoxyde
d'azote en particulier.

La découverte de la propriété que possèdent certains gaz,
de passer à l'état liquide sous l'influence du froid ou de la
pression, est toute moderne. Avant.l'illustre physicien Faraday, dont la science déplore la perte récente, on ignorait
que la plupart des gaz placés dans des conditions conve-
nables peuvent être liquéfiés et même solidifiés.

Lavoisier, supposant la terre portée dans les froides ré-
gions des espaces célestes, admettait que l'air, faute d'un
degré de chaleur suffisant, ne pourrait rester à l'état gazeux,
et il en résulterait, ajoutait l'illustre chimiste, de nouveaux
liquides dont nous n'avons aucune idée.

L'illustre Faraday fut le premier qui réussit, il y a trente
ans environ, à faire passer les corps de l'état gazeux à l'état
liquide sous l'influence du froid ou de la pression.

Les appareils dont il se servait d'abord étaient fort simples. Il renfermait dans un tube de verre de faible capacité, recourbé en siphon, les matières susceptibles de dégager par leur réaction un grand volume de gaz. En se
dégageant dans un espace limité, le gaz se liquéfiait par sa
propre pression, et se condensait dans une des branches du
tube, qu'on avait eu préalablement soin d'entourer d'un
mélange réfrigérant.

Ce procédé était facile, mais aussi fort dangereux, car ces
gaz, soumis à des pressions dépassant quelquefois 50 atmo-

*

sphères, devaient faire éclater les tubes dans lesquels ils s'étaient produits, ce qui arrivait fréquemment.

Faraday eut bientôt recours à des procédés plus scientifiques et entreprit sur ce sujet une série d'expériences dont les résultats sont consignés dans un mémoire qu'il publia sous ce titre : *On the liquefaction and solidification of bodies generally existing as gas*, dans les *Philosophical Transactions of the royal Society of London*, année 1845. Ce Mémoire étant très-peu connu en France, nous allons donner une traduction de ses parties les plus essentielles.

Les expériences précédemment faites sur la liquéfaction des gaz et les résultats qui de temps en temps ont été ajoutés à cette branche de nos connaissances, spécialement par M. Thilorier (1), m'avaient, dit Faraday, laissé le désir constant de répéter mes recherches. Ce désir, ainsi que les considérations qu'on pouvait tirer de la simplicité et de l'unité apparente de la constitution moléculaire des corps quand ils sont réduits en vapeur ou gaz d'après les expériences de M. Cagnard de Latour, et l'espoir de voir l'azote, l'oxygène, l'hydrogène à l'état solide ou liquide et ce dernier peut-être à l'état métallique, m'ont engagé à persévérer dans mes expériences sur ce sujet, et, bien que mon succès n'ait pas été aussi grand que je l'espérais, je crois cependant que quelques-uns des résultats obtenus, ainsi que la manière de les obtenir, pourront intéresser la Société royale, surtout si on remarque que mes expériences peuvent être plus étendues que je n'ai pu le faire.

---

(1) Les expériences auxquelles Faraday fait allusion sont celles de Thilorier sur la liquéfaction de l'acide carbonique. Le résultat en est consigné dans le tome 60 des *Annales de physique et de chimie*.

Mon but, ainsi que celui des autres expérimentateurs, fut de soumettre le gaz à une pression considérable en même temps qu'à une température fort basse. Pour obtenir la pression, j'employais deux pompes à air fixées sur une table. La première pompe avait un piston d'un pouce de diamètre, et la seconde d'un demi-pouce de diamètre. Elles étaient unies par un conduit disposé de manière à forcer le gaz de la première de passer à travers les soupapes de la seconde. Cette seconde pouvait recevoir le gaz déjà condensé à 10, 15 ou 20 atmosphères et le chassait à une pression supérieure dans le récipient destiné à le recevoir en dernier lieu.

Les gaz sur lesquels on voulait expérimenter étaient préparés et conservés dans des gazomètres ou des cloches, puis chassés par pression dans des tubes condensateurs. Quand les gaz étaient recueillis sur l'eau ou qu'ils pouvaient en contenir, ils passaient, en se rendant du gazomètre à la pompe, à travers un tube de verre entouré d'un mélange de glace et de sel à 0 Fahrenheit.

Les tubes condensateurs étaient de verre vert à bouteille de 1/6 à 1/7 de pouce de diamètre extérieur, et de 1/42 et 1/30 de pouce d'épaisseur. Ils étaient disposés de deux manières : les uns horizontalement et munis d'une courbure qui leur permettait de plonger dans le liquide réfrigérant; les autres, en forme de siphon renversé, pouvaient être refroidis dans leur partie inférieure, quand cela était nécessaire. Dans la partie horizontale du tube recourbé et dans la plus longue branche du siphon, on pouvait introduire des manomètres quand cela était nécessaire.

(Le Mémoire de Faradey est ici accompagné de deux figures explicatives que nous croyons inutile de reproduire.)

Les tubes étaient réunis aux pompes par des douilles

et pièces d'assemblage semblables à celles des pompes à gaz ordinaires, mais faites avec plus de soin. Les douilles portaient des ouvertures assez grandes pour que les extrémités des tubes de verre y entrassent librement et étaient munies à l'intérieur d'un pas de vis qui facilitait l'adhérence du mastic. On rendait les bouts des tubes de verre rugueux au moyen d'une lime, et, pour fixer une douille, les pièces étaient chauffées de façon à fondre le mastic avant d'ajuster leurs extrémités, ces jointures supportant des pressions variant de 30 à 50 atmosphères, ne manquèrent qu'une fois sur 100 expériences environ.

..... Toutes les jointures étaient rendues étanches au moyen de feuilles de plomb.

J'ai souvent soumis ces tubes à une pression de 50 atmosphères, sans accident ni rupture. Avec l'assistance de M. Adam, j'ai essayé leur résistance à la presse hydraulique et obtenu les résultats suivants : un tube de 0,24 de diamètre extérieur et de 0,0175 de pouce d'épaisseur, éclatait à une pression de 67 atmosphères, en représentant par 15 Ib. par pouce carré la pression d'une atmosphère. Un tube dont je m'étais servi, de 0,225 de pouce de diamètre extérieur et de 0,03 de pouce d'épaisseur, supporta une pression de 118 atmosphères sans se briser et sans rupture du capuchon ou du mastic.

Un tube comme ceux que j'employais pour dégager les gaz sous pression, ayant 0,6 de pouce de diamètre extérieur et 0,035 d'épaisseur, éclata sous une pression de 25 atmosphères.

Ces données peuvent servir à choisir des tubes assez forts pour résister aux pressions auxquelles on veut les soumettre. L'instrument employé pour mesurer le degré de pression auquel le gaz était soumis dans le condensateur consistait en un petit tube de verre fermé à son extrémité inférieure par une colonne de mercure, se mouvant dans son intérieur. Par l'expression 10 ou 20 atmosphères j'entends une force capable de réduire une masse d'air au 10ᵉ ou au 20ᵉ du volume qu'elle occupait à la pression de 30 pouces de mercure. Pour soumettre ces tubes au plus grand froid possible, j'employais le mélange de Thilorier, composé d'acide carbonique solide et d'éther. Un vase de terre de 4 pouces cubes de volume était placé dans un autre vase un peu plus large; on l'enveloppait de quelques doubles de flanelle et on plaçait le mélange réfrigérant dans le vase intérieur. Un tel bain peut durer 20 à 30 minutes, sans que l'acide carbonique perde l'état solide, et les tubes de verre peuvent y être plongés sans se rompre.

Mais comme je fondais mes espérances de succès plutôt sur l'abaissement de la température que sur l'élévation de la pression, je tâchai d'obtenir un froid encore plus considérable. Il y a, en effet, des résultats obtenus par le froid et sur lesquels la pression est sans effet.

.....Pour obtenir le degré de température nécessaire, le bain d'acide carbonique et d'éther fut mis sous le récipient de la machine pneumatique et on fit le vide rapidement. La température s'abaissa tellement, que la vapeur de l'acide carbonique, abandonnée par le bain, au lieu d'avoir une pression de 1 atmosphère, n'avait que 1/24 d'atmosphère de pression, ou 1,2 pouces de mercure, car le baromètre de la machine se maintenait à 28,2 pouces, le baromètre ordinaire étant à 39,4. A cette basse température, l'acide carbonique, mélangé à l'éther, n'était pas plus volatil que l'eau à 86°, ou que l'alcool à la température ordinaire.

Pour obtenir une idée de cette température, je fis un thermomètre à alcool dont la graduation fut portée au-dessous de 32° Fahr, par degrés égaux en capacité à ceux se trouvant entre 32° et 112°. Placé dans le bain, il accusa une température de 106°. Introduit sous la machine, il s'abaissa à 166° ou à 60° au-dessous de la température du même bain à la pression atmosphérique.

Après quelques explications sur la manière de combiner le froid à la pression, sur la manière de conserver les gaz liquéfiés dans les tubes, en les fermant à la lampe au-dessous du point où se trouve le gaz liquéfié et sur la conservation de l'acide carbonique solide dans un vase de verre entouré de 3 enveloppes de verres concentriques séparées l'une de l'autre par des morceaux de laine sèche, disposition qui permet de conserver ce corps un jour entier, Faraday étudie les propriétés des gaz qu'il a condensés, c'est-à-dire le gaz oléfiant, l'acide iodhydrique, l'acide bromhydrique, l'acide fluosilicique, l'hydrogène phosphoré, l'acide fluoborique, l'acide sulfureux, l'hydrogène sulfuré, l'acide carbonique, l'oxyde de chlore, le protoxyde d'azote, l'ammoniaque, le cyanogène, l'hydrogène arsénié. Relativement au protoxyde d'azote, il s'exprime de la façon suivante :

Protoxyde d'azote. J'obtins cette substance solide au moyen du bain d'acide carbonique et du vide, sous forme d'un corps cristallin incolore. La température nécessaire a été d'environ 150° (Fahr.) au-dessous de 0. La pression de la vapeur du corps solidifié était inférieure à celle de l'atmosphère.

Je pensai que le protoxyde liquéfié ne pouvait se congeler par l'évaporation sous une seule atmosphère comme le fait l'acide carbonique ; ce qui fut trouvé vrai, car en ouvrant à l'air un tube contenant beaucoup de ce corps liquide, il se mit à bouillir, se refroidit, mais resta liquide. Le froid produit par l'évaporation était considérable, et je pus m'en assurer en plaçant le tube qui contenait le liquide dans un bain d'acide carbonique où il se mit à bouillir avec rapidité. La température, du bain quelque basse quelle fût, était donc encore si supérieure à celle du liquide qui y était plongé, qu'il se comportait à son égard comme un corps chaud.

Je gardai quelques semaines ce corps dans un tube fermé par des robinets, et pendant ce temps la pression indiquée par le manomètre resta fixe.

Il est donc probable qu'on pourra employer ce corps dans certaines occasions pour produire des froids beaucoup plus considérables que ceux que peut produire l'acide carbonique. On ne peut douter que, placée dans le vide, cette substance produise une température plus basse que toutes celles que l'on connaît, et peut-être autant au-dessous du bain d'acide carbonique dans le vide qu'elle l'est de la température de ce dernier relativement à celle du même bain exposé à l'air.

Le protoxyde d'azote comme le gaz oléfiant donna à différentes reprises des résultats incertains relativement à la pression de sa vapeur, résultat dont on ne peut tenir compte qu'en admettant la présence de deux corps différents solubles l'un dans l'autre, mais de force élastique différente.

Soupçonnant la présence d'azote dans son protoxyde par suite de l'existence de chlorhydrate d'ammoniaque dans le nitrate qu'il employait, Faraday employa du nitrate d'ammoniaque pur, et les pressions de la vapeur du protoxyde d'azote liquide à différentes températures qu'il obtint sont indiquées dans le tableau suivant :

Température en degrés Fahr.	Pression en atmosphères.	Température en degrés Fahr.	Pression en atmosphères
—125	1	— 40	8,71
—120	1,10	— 35	9,74
—115	1,22	— 30	10,85
—110	1,37	— 25	12,04
—105	1,55	— 20	13,82
—100	1,77	— 15	14,69
— 95	2,03	— 10	16,15
— 90	2,34	— 5	17,70
— 85	2,70	+ 0	19,34
— 80	3,11	+ 5	21,07
— 75	3,58	+ 10	22,89
— 70	4,11	+ 15	24,80
— 65	4,70	+ 20	26,80
— 60	5,36	+ 25	28,90
— 55	6,09	+ 30	31,10
— 50	6,89	+ 35	33,40
— 45	7,76		

Il est évident, dit Faraday, que ces nombres ne donnent pas l'idée d'une substance simple et pure, car les pressions correspondant aux plus basses températures sont trop élevées. Je crois à la présence de deux corps, et que le plus volatil est, ainsi que je l'ai dit, condensable dans celui qui l'est moins (1).

Faraday réussit ainsi à forcer tous les gaz connus à se liquéfier, à l'exception de six : l'hydrogène, l'azote, l'oxygène, l'hydrogène protocarboné, le bioxyde d'azote et l'oxyde de carbone. Tout en faisant connaître les pro-

---

(1) Cette réflexion, passée inaperçue, mériterait un sérieux examen ; certains corps, considérés comme simples par les chimistes, sont soupçonnés être des corps composés par les physiciens. En serait-il ainsi pour les éléments du protoxyde d'azote ? Ce gaz, au lieu d'être une combinaison, serait-il un mélange de différents gaz actuellement inconnus ? A. P.

priétés nouvelles des gaz liquéfiés, il fit connaître comment se comportaient certains corps en présence de froids extrêmes. Tandis que les physiciens savaient produire des températures supérieures à 2000 degrés au-dessus de 0, ils ne pouvaient produire des froids inférieurs à 50° au-dessous de 0. Faraday le premier donna le moyen de descendre à 100° au-dessous de 0, et fit voir qu'à cette température la plupart des corps gazeux à la température ordinaire deviennent liquides ou solides. Quelles propriétés nouvelles acquerraient les corps si on parvenait à les soumettre à une température de plusieurs centaines de degrés au-dessous de 0, c'est ce que nous ignorons. Un fragment de fer chauffé à 2000° au-dessus de 0 prend une teinte éblouissante ; à 2000° au-dessous, que deviendrait-il ? La science le dira peut-être un jour ; mais à Faraday l'honneur d'avoir montré qu'on pouvait produire des froids artificiels auprès desquels les températures des pôles peuvent être considérées comme d'extrêmes chaleurs.

Vers l'époque où parut le Mémoire dont nous venons de traduire une partie, un constructeur Viennois, M. Natterer, imaginait un appareil pour condenser le protoxyde d'azote par la pression. Cet appareil se composait d'une pompe aspirante et foulante, manœuvrée avec un volant, puisant dans un gazomètre le gaz à condenser et le refoulant dans un récipient de bronze, entouré d'un mélange réfrigérant. Lorsqu'une certaine quantité de gaz était liquéfiée, on fermait le récipient et on le séparait du reste de l'appareil. Avec cet appareil, il faut donner 4,000 coups de piston pour obtenir un quart de litre de gaz liquéfié.

Dans ces dernières années, MM. Deleuil et Bianchi ont modifié, dans ses détails, l'appareil de Natterer. La machine à liquéfier le protoxyde d'azote de M. Bianchi est construite de façon à résister à des pressions de 600 atm.; mais nous lui préférons l'appareil construit par M. Deleuil, parce que, dans cet appareil, le vase contenant le protoxyde liquide reste toujours enveloppé d'un mélange réfrigérant, tandis que dans l'appareil de Bianchi on est obligé de le sortir de son enveloppe réfrigérante et de le tenir à la main ou sous le bras, pour verser le liquide qu'il contient.

En consultant le tableau donné précédemment, on voit, ce qu'il était facile, du reste, de prévoir, que la tension de la vapeur du protoxyde d'azote liquide croît rapidement avec la température. On comprend dès lors que, soumis brusquement à une température de plus de 30 degrés au-dessus de 0, le vase qui contient le protoxyde d'azote puisse s'échauffer et provoquer une élévation de pression de vapeur telle qu'il puisse en résulter une formidable explosion.

Nous appelons sur ce fait l'attention des professeurs — fort rares du reste — qui font publiquement des expériences sur le protoxyde d'azote liquide. Les salles où se font les cours sont généralement à une température assez élevée, et la bouteille remplie de protoxyde, abandonnée sur une table, peut finir par s'échauffer assez pour que la pression de la vapeur qu'elle contient la fasse éclater. Quant aux effets que pourrait produire l'explosion d'une bouteille métallique de plusieurs centimètres d'épaisseur, il suffit, pour s'en faire une idée, de se souvenir de l'épouvantable accident arrivé le 3 décembre 1840, dans un cours public, avec l'appareil de Thilorier, pour liquéfier l'acide carbonique: On opérait la liquéfaction de ce dernier corps, lorsque, tout à coup, une terrible explosion se fit entendre : l'appareil venait de voler en éclats. Un de ces éclats alla briser les jambes du préparateur Hervy, qui succomba au bout de trois jours, aux suites de l'amputation qu'on fut obligé de lui faire subir. Tel serait le sort auquel seraient exposés les clients des dentistes qui s'aviseraient de se servir du protoxyde d'azote liquide comme anesthésique.

Les appareils à comprimer le protoxyde d'azote doivent toujours être entourés de glace, pour les maintenir à une basse température, et c'est là un de leurs inconvénients les plus sérieux. Un vase en métal, de plusieurs centimètres d'épaisseur, pouvant faire explosion lorsqu'on l'expose aux rayons solaires ou trop près d'un foyer, constitue un engin redoutable que peu de personnes consentiraient à recevoir sous leur toit.

Du reste, le lecteur peut se rassurer. La liquéfaction du protoxyde d'azote est une opération trop coûteuse et trop dangereuse pour que personne ne s'avise de la répéter fréquemment. A Paris, dans les cours publics où se trouvent des préparateurs, cependant habiles, on confie généralement à M. Deleuil ou à M. Bianchi le soin de préparer le protoxyde d'azote; et pour en préparer une quantité, si minime qu'elle soit, le premier de ces fabricants demande 120 fr., somme que l'on ne trouvera pas trop élevée si l'on songe aux dangers de l'opération, dangers qui ne sont pas imaginaires, si on veut se rappeler que l'appareil Thilorier a déjà éclaté une fois, et que l'appareil de Natterer, pour la liquéfaction du protoxyde d'azote, a éclaté également une fois entre les mains du constructeur lui-même.

On nous permettra de placer ici, à ce propos, une petite anecdote que M. Deleuil racontait, il y a quelques jours, à un médecin de nos amis. Cet habile constructeur avait été chargé de préparer dn protoxyde d'azote liquide, pour une conférence qui devait se faire dans une ville située à plus de 50 lieues de Paris. Ne voulant pas amener avec lui l'appareil à liquéfier le gaz, il s'était seulement chargé de la bouteille contenant le gaz liquéfié, bouteille soigneusement placée dans une caisse pleine de glace et hermétiquement fermée. Mais, où placer la caisse ? Ici commencèrent les perplexités de l'opérateur. Aux bagages ? Il n'osait. Si elle allait s'égarer quand la glace serait fondue, ou si un employé ignorant, la posait dans un endroit fortement chauffé ! La garder avec lui ? C'était là un compagnon peu agréable. Néanmoins, ne pouvant faire autrement, il s'y résigna. C'était dans un wagon de première classe, et la caisse, placée entre ses jambes, se trouvait forcément en contact avec un de ces cylindres pleins d'eau chaude qui servent aux voyageurs à se chauffer les pieds. On devine les perplexités de l'infortuné physicien. Toutes les cinq minutes, il tâtait sa caisse pour en reconnaître la température. Si la glace fondait et si l'eau s'échauffait, qu'arriverait-il, grand Dieu ! A cette idée, une sueur froide lui humectait les épaules, pendant que les voyageurs regardaient avec indifférence la terrible caisse, et ne soupçonnaient guère quel redoutable engin elle cachait dans ses flancs. Le voyage parut long, et l'opérateur eut à subir plus d'une remarque désobligeante de ses compagnons sur sa persistance à produire des courants d'air en ouvrant incessamment les portières, et sur son refus énergique de recevoir un nouveau cylindre d'eau chaude qu'apportaient les employés.

III

Propriétés du protoxyde d'azote liquide.

Les gaz liquéfiés par le froid ou par la pression consti-
tuent des liquides d'une mobilité extrême, à côté desquels
l'eau et les substances les plus fluides, tels que l'alcool et
l'éther, semblent visqueuses. Le protoxyde d'azote jouit des
mêmes propriétés.

C'est un liquide très-fluide, d'une saveur sucrée qui re-
présente 1/400 du gaz qui l'a fourni. On peut le conserver
pendant quelque temps à l'air libre. La faible quantité qui
se volatilise absorbe un calorique latent si considérable pendant ce changement d'état que l'autre portion se maintient
liquide.

Si on plonge un thermomètre dans un vase contenant du
protoxyde d'azote liquide, l'instrument s'abaisse rapidement
à 90° centigrades au-dessous de 0.

Si on jette du mercure dans un vase contenant du protoxyde d'azote liquide, ce métal se solidifie aussitôt et prend
la consistance et la ténacité de l'argent en barre. Si au lieu
de mercure on plonge dans le liquide un fil de métal, celui-ci
produit un bruit analogue au sifflement que fait entendre
un fer rouge au contact de l'eau.

La plus petite quantité de protoxyde d'azote liquéfié mise
en contact avec la peau la désorganise comme le ferait un
fer rouge, en produisant une vive douleur. Que dire, après
cela, de l'idée de M. X. voulant faire boire du protoxyde
d'azote à ses malades pour les anesthésier ! Supposons que

ce dentiste ait pu se procurer du protoxyde d'azote liquide, voyez-vous d'ici les conséquences de son opération ! Le patient mort au bout de quelques heures dans d'épouvantables souffrances, plus rapidement encore que s'il eût avalé de l'huile bouillante.

Le protoxyde d'azote liquide conserve en partie les propriétés du protoxyde d'azote gazeux. Comme lui, il entretient la combustion des corps. En jetant un charbon allumé dans un vase contenant du protoxyde d'azote liquide, ce charbon brûle avec un vif éclat. Si dans le même vase on jette quelques grammes de mercure, sous l'influence du froid le métal se solidifie instantanément. En sorte que dans le même vase se trouvent en présence, une température supérieure aux feux de forge les plus violents et un froid bien plus considérable que les froids des pôles les plus intenses. Cette expérience est certainement une des plus curieuses de la physique moderne.

Le protoxyde d'azote peut être liquéfié de deux façons : par la pression et par le froid. A la température de 15 degrés au-dessus de 0, une pression de 50 atmosphères, c'est-à-dire une pression égale au poids d'une colonne d'eau 6 à 7 fois plus haute que le Panthéon, est nécessaire pour le liquéfier. A une température de 110° au-dessous de 0, il se liquéfie sous la pression de l'atmosphère.

Pour obtenir une température suffisamment basse pour liquéfier le protoxyde d'azote sans pression, il suffit de placer ce corps dans un tube entouré d'un mélange d'acide carbonique solide et d'éther qu'on place dans le vide. Le froid produit est si intense que non-seulement le protoxyde d'azote se liquéfie, mais encore qu'il se solidifie. Dans cet état, il se présente sous forme d'un beau corps cristallin incolore.

Si jamais le protoxyde d'azote liquide pouvait devenir d'une utilité quelconque, il est évident que c'est par le froid obtenu au moyen de l'acide carbonique et non par la pression qu'on pourrait l'obtenir économiquement.

La préparation de l'acide carbonique liquide n'exige aucun travail mécanique et est peu coûteuse. Pour obtenir ce corps à l'état liquide, il suffit, comme on sait, de faire dégager une grande quantité d'acide carbonique dans un espace restreint, tandis que le protoxyde d'azote, pour être liquéfié, exige un travail considérable. Nous avons vu plus haut qu'il fallait 4,000 coups de piston pour obtenir un quart de litre de protoxyde avec l'appareil Natterer.

Ici se termine ce que nous avions à dire des propriétés du protoxyde d'azote liquide. Nous pensons que cet exposé suffira aux médecins qui voudraient expérimenter ce corps et aux physiciens qui désireraient approfondir une étude que nous croyons riche en avenir.

IV

CONCLUSIONS.

En nous basant sur ce qui précède, nous croyons pouvoir établir les conclusions suivantes :

1° La liquéfaction du protoxyde d'azote est une opération très-coûteuse et qui ne peut être pratiquée que par un opérateur très-exercé ;

2° La conservation du protoxyde liquide est fort dangereuse. Un vase fermé, plein de protoxyde liquide, est un véritable obus qui peut éclater si on le laisse pendant quelque temps hors du mélange réfrigérant, dans lequel il doit toujours être contenu.

3° Le protoxyde d'azote liquide est impropre à toute espèce d'usages médicaux, impropre surtout à produire l'anesthésie générale ou locale. Il brûle la peau comme le ferait un fer rouge et est plus dangereux à manier que ne le serait de l'huile bouillante. Ne présenterait-il pas ces inconvénients, le prix auquel il revient actuellement, qui ne peut guère s'abaisser en raison du travail qu'exige la machine qui le produit, en rendrait son usage impossible dans la pratique.

TABLE DES MATIÈRES.

Pages.

I. Au lecteur.   5

II. De la liquéfaction des gaz en général, et de celle du protoxyde
d'azote en particulier.   9

III. Propriétés du protoxyde d'azote liquide. 21

IV. Conclusions.. 25